RAPPORT

A LA

SOCIÉTÉ IMPÉRIALE D'AGRICULTURE DE LA HAUTE-GARONNE.

RAPPORT

A LA

SOCIÉTÉ IMPÉRIALE D'AGRICULTURE

DE LA HAUTE-GARONNE,

SUR LE CONCOURS DU 21 MAI 1856,

Pour la distribution des Primes d'encouragement à l'élève [illegible]

Lu à la Séance du 21 Mai 1856 :

PAR M. PRINCE,

MEMBRE RÉSIDANT, DIRECTEUR DE L'ÉCOLE IMPÉRIALE VÉTÉRINAIRE DE TOULOUSE.

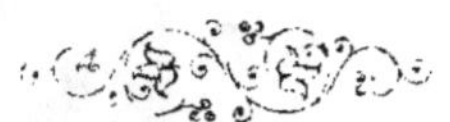

TOULOUSE,

TYPOGRAPHIE BAYRET-PRADEL ET COMP^e.

RUE PEYRAS, 12.

1856.

RAPPORT

A LA

SOCIÉTÉ IMPÉRIALE D'AGRICULTURE DE LA HAUTE-GARONNE,

SUR LE CONCOURS DU 21 MAI 1856,

Pour la distribution des primes d'encouragement à l'élève des espèces Bovine et Ovine,

Lu à la Séance du 24 Mai 1856;

PAR M. PRINCE,

Membre résidant, Directeur de l'École impériale Vétérinaire
de Toulouse.

Nous venons d'assister, pour la deuxième fois, au Concours d'animaux reproducteurs, inauguré sous le patronage de la Société impériale d'Agriculture de la Haute-Garonne.

La commission que vous aviez chargé de présider à cette solennité, était la même qui, déjà l'an dernier, avait eu l'honneur de vous représenter. Elle se composait de MM. de *Baichis*, *Esquirol*, *Léo de Lacroix*, *Lafosse* et *Prince*.

Une circonstance nouvelle est venue, cette année, modifier l'aspect sous lequel le Concours devait s'offrir.

Depuis huit ans le département avait renoncé à se faire directement acheteur et à placer chez des stationnaires, désignés dans les cantons, les taureaux destinés à améliorer les races de nos bœufs de travail. Le système qui avait été substitué à ce mode d'encouragement, paraissant n'avoir pas rempli l'attente de l'administration, le Conseil général a rétabli au budget départemental, pour 1855, le crédit affecté à l'acquisition des taureaux. Les achats qui se faisaient avant 1848 ont donc été rétablis, et le service des stations départementales réhabilité par l'envoi de dix-neuf taureaux, dix-sept gascons et deux agenais, achetés au Concours régional tenu dernièrement à Auch.

Ce fait, qui substitue l'action administrative à l'action privée, est-il la cause à laquelle il faut attribuer la diminution du nombre des taureaux que nous avons vu figurer dans notre exhibition?

Cela, Messieurs, nous paraît assez probable, car il est certainement tels propriétaires qui, placés de manière à pouvoir utilement tenir une station, et se sachant des droits à l'obtenir, n'ont pas conservé de reproducteurs, parce qu'ils comptaient sur ceux que le département leur octroie, tandis que s'ils n'avaient eu cette ressource, leur intérêt ne leur eût pas permis d'en demeurer dépourvus.

Ces animaux, dont les taureaux départementaux ont pris la place, n'eussent pas manqué d'être conduits au Concours, peut-être même y seraient-ils venus en nombre plus grand que celui des taureaux achetés par le département.

Cette remarque nous paraît utile pour expliquer l'infériorité numérique de l'exhibition des taureaux, sur celle de 1855. S'il n'y avait une raison de cette nature, on comprendrait peu que l'empressement des exposants de l'an dernier ne se fût pas soutenu, et l'on pourrait s'étonner qu'après avoir compté, comme début, vingt reproducteurs de l'espèce bovine, parmi lesquels il en était de si remarquables, votre commission n'ait vu cette année, pour se disputer les quatre primes qu'elle avait à donner, que neuf taureaux seulement.

A part le nombre, le Concours était d'ailleurs intéressant et mettait en relief des faits d'une valeur significative.

Ainsi son caractère véritable et la nature du but que lui donne à atteindre notre état agricole, ressortaient suffisamment des proportions même dans lesquelles les races y figuraient.

Comme toujours les animaux travailleurs y étaient les plus nombreux, et quand les races inaptes au travail n'y comptaient que deux représentants, un breton pur et un hollandais, il y avait près d'eux six gascons et un croisé agenais-gascon. Nous avons noté l'absence de la race pure agenaise.

Votre commission, Messieurs, tenant compte de l'aspect même du Concours et des vues qui vous dirigent, a cru devoir, avant de passer à l'examen de détail des animaux et de fixer ses choix, arrêter au préalable et comme règle, deux points qu'elle a jugés importants. Elle a décidé, 1° que les animaux de travail concourraient seuls pour la première prime; 2° que, à mérite égal entre deux concurrents, l'un pur, l'autre métis, la pureté de la race déciderait de la préférence à donner.

Ce préliminaire arrêté, l'examen minutieux des animaux

exposés a fait donner la première prime de 250 fr. à un taureau gascon, âgé de deux ans, appartenant à ***M. Puntous*** de Beaumont.

L'ampleur de la poitrine, des masses musculaires bien descendues aux membres postérieurs, un bon jarret, telles sont les qualités qui ont motivé l'attribution de cette récompense. Nous devons dire, d'ailleurs, que près de ces mérites, il est plus d'une imperfection que la commission a pu noter. La déviation en dehors des pieds antérieurs, était la plus notoire. Bien que beau, ce reproducteur n'est donc pas un type, et s'il a des qualités à transmettre, il n'est pas sans avoir aussi des défauts à corriger.

Après avoir primé chez le taureau de ***M. Puntous*** un bel ensemble de formes et la pureté de l'ascendance, la commission n'a pas trouvé que parmi les autres gascons pur sang, il y en eût qui possédassent assez de qualités pour l'emporter sur le taureau croisé agenais-gascon, âgé de vingt mois, présenté par ***M. Marie Lacondamine.***

Parfaitement membré, offrant par la régularité de ses lignes, sa puissante poitrine et la belle et énergique disposition de ses muscles, un remarquable modèle, supportant aussi bien l'examen de détail qu'il satisfaisait le regard par l'harmonie de ses formes, ce taureau se posait bien certainement comme l'un des plus beaux produits que puisse donner la race agenaise en croisant la gasconne. Beau comme un gascon par sa poitrine et ses jarrets; ouvert du bassin, croupe longue, large et droite, fesses largement culottées, comme un agenais, c'était, nous le redisons, un résultat dont il n'y a qu'à féliciter l'éleveur qui le possède. Mais, vous l'avez remarqué, Messieurs, ce n'était qu'un résultat, qu'un produit de croisement, et il n'a fallu rien moins que les mérites qu'il possède, pour racheter le défaut de pureté de son origine, et lui valoir, quoique croisé, la deuxième prime que lui a décerné le jury.

Un taureau gascon de vingt-deux mois, appartenant à *M. Louis Bosq,* a obtenu la troisième prime de 150 fr.

Ce reproducteur est d'une conformation généralement assez belle pour qu'il y ait à attendre de lui une bonne descendance d'animaux de travail; il supporte même bien la comparaison avec le taureau de *M. Puntous,* admis à la première prime. Malheureusement aux imperfections de celui-ci, il en joint une autre encore de laquelle il a fallu tenir compte. A la seule inspection, on voyait bien que la côte était moins ronde et que la poitrine avait moins de développement. Afin, cependant, de constater d'une manière positive cette cause d'infériorité, la mensuration comparative du développement de la poitrine a été prise avec soin sur ces deux animaux, et la différence constatée fut jugée une cause de dépréciation assez grave pour que le taureau de *M. Puntous,* conservant la première de vos primes, celui de *M. Louis Bosq* ne pût remporter que la troisième.

La quatrième prime restait à donner, et pour se la disputer, quatre gascons, un breton pur et un hollandais demeuraient encore en lice.

Parmi les gascons, il n'y en avait plus d'assez beaux pour qu'entre eux et les deux autres le jugement pût demeurer indécis; c'était donc entre le breton et le hollandais qu'il allait falloir prononcer.

Or, ces deux reproducteurs étaient l'un et l'autre fort remarquables.

Le breton, né chez *M. Texereau de Lasserie,* son propriétaire, avait d'abord l'avantage d'une extraction pure. Sa mère avait été achetée à Jersey, et afin de donner à la commission un élément de plus pour bien asseoir son jugement, le propriétaire avait eu la bonne pensée de la faire aussi conduire au Concours.

De la race petite, mais si fine, à squelette si réduit, à peau si souple, à encolure amincie et à tête légère, que l'on trouve pure sur les landes du Morbihan et d'Ile-et-Vilaine, cette vache avait, en outre, tous les caractères d'une bonne laitière, et son pis très développé portait largement dessiné l'écusson flandrin du système Guénon.

Son fils aussi, le taureau exposé, bien que d'une robe brune uniforme, rappelait le même type. Son écusson était du même ordre. Sa conformation, quoique peut-être un peu moins large des reins et des côtes qu'on n'eût pu la désirer, était néanmoins fort belle.

La mère donne, d'après la déclaration du propriétaire, dix-huit litres de lait dans les quinze à vingt jours qui suivent la mise bas. Puis, pendant la gestation, et jusques très peu de jours avant sa fin, cette quantité décroît pour aboutir au minimum encore fort beau, pour une vache de cette taille, de neuf litres par vingt-quatre heures.

Tenant compte de ces faits, de la pureté de la race et de l'aptitude assez généralement reconnue aux taureaux bien écussonnés de transmettre les qualités lactifères de leurs mères, la commission ne pouvait manquer de bien noter le reproducteur de M. Texereau.

Il avait un concurrent cependant, et en les comparant l'un à l'autre, il a fallu, pour arriver à les classer, que la commission pesât avec soin quels étaient leurs avantages respectifs.

Ce taureau, rival de celui de M. Texereau, a été déclaré *né d'une vache hollandaise*, mais son propriétaire, ***M. Pescair***, n'a pu affirmer que le père fût également hollandais. Un doute demeurait donc quant à sa pureté d'origine.

Par sa conformation, d'ailleurs, dont les lignes, l'ensemble et les diverses parties étaient régulières et belles, ce taureau rappelait la race Durham, comme s'il en fût descendu. — Nous savons bien qu'on reconnait dans la race hollandaise deux grandes familles que distingue surtout la direction de la croupe, horizontale dans l'une, et oblique chez l'autre. Nous savons encore qu'il est assez admis que, pour faire comme ils l'ont obtenue, leur race à courtes cornes, les Anglais ont pu se servir des reproducteurs importés par eux de la Hollande. Ce double fait, en donnant la raison de l'affinité que peuvent avoir ces races, n'est pas de nature à résoudre le doute que laisse l'incertitude du propriétaire. Car les traits

Durham, si prononcés dans ce taureau, peuvent tout aussi bien, sinon mieux, dériver du type Durham sur le hollandais, que marquer dans une variété de la race hollandaise, dont ici la pureté demeure douteuse, l'un des points de départ ou des facteurs originaires de la race Durham elle-même.

A part cela, le taureau de M. Pescair, marqué Poitevin suivant Guénon, était moins bien écussonné que celui de M. Texereau.

Toutes choses donc se compensant, et malgré la supériorité des formes du taureau de M. Pescair, la commission a pensé qu'elle ne pouvait mieux faire que mettre ces deux reproducteurs sur la même ligne, et elle les a admis à se partager *ex æquo* la 4e prime, de 100 fr.

Passant des taureaux aux béliers, le jury a tout d'abord noté avec satisfaction la composition du Concours et les qualités d'origine des animaux exposés.

Nous n'avons eu, il est vrai, que seize lots cette année, quand, l'année dernière, il y en avait vingt. Mais cette année nous a offert une nouvelle et précieuse race importée, celle de Saouthdown, et d'autre part on a pu constater que les autres races anglaises pures ou mixtes, antérieurement acquises, produisent de fort heureux résultats, et que l'attente des agronomes à qui nous les devons se trouve, et à l'avantage de tous, pleinement confirmée.

Les béliers du Concours, divisés en races étrangères et races du pays, se sont, aux termes du programme, partagés également les primes à décerner.

Dans la première catégorie, celle des races étrangères, nous avons trouvé comme il y a un an, en première ligne, le bel et précieux type mixte Dishley-mauchamp-mérinos, de *M. Vialet.*

Nous n'avons encore vu dans nos concours méridionaux rien qui, sous le rapport de la boucherie, fût aussi régulier, aussi bien pétri, passez-nous le mot, que ce bélier. Bas, près de terre, à membres par conséquent relativement courts; sa poitrine, mesurée aussi exactement que l'a permis la présence de la toison, et défalcation faite de l'épaisseur même de cette toison, le cordon mensurateur étant directement appliqué sur la peau; la poitrine, disons-nous, ne mesure pas moins de 1^m 25^c de circonférence en arrière des épaules. La longueur, du garrot à la base de la queue, est de $0,96^c$. Ses lombes ont une largeur de $0,27^c$.

Les mesures de cette nature ne portent guère leur signification que lorsqu'on se donne le temps d'y réfléchir ou qu'on les compare entre elles. Celles qui précèdent acquièrent, par ce moyen, une valeur évidente. Mais sans mesurer même, rien qu'à voir et à toucher ce bel animal, on ne pouvait qu'être frappé, comme l'a été votre commission, de l'ampleur considérable de ses formes, de sa poitrine vaste, ronde, et descendant plus bas et plus près de terre que chez aucun autre des béliers exposés, de son dos large, de ses reins carrés et charnus; le tout revêtu d'une toison sans finesse, il est vrai, mais cependant bonne déjà et utilisable surtout dans les fabriques du Midi.

Nous ne reviendrons pas, Messieurs, sur les mérites que

nous exposions l'an dernier, de la race Dishley-mauchamp-mérinos, ni sur les avantages qu'il nous semblait dès-lors qu'on devait en attendre.

Nous signalerons seulement, mais cette fois avec toute l'autorité d'un fait acquis et démontré, que le croisement de nos brebis lauragaises par cette race, donne des résultats auxquels on ne peut qu'applaudir, et qui sont également précieux à l'agriculture et à l'industrie.

Vous savez combien rapidement s'est faite, chez les meilleurs éleveurs, la diffusion des produits émanés de la Bergerie du Blanc. L'habile directeur de cette bergerie, en livrant à la publicité le nombre de ses béliers vendus et les noms de leurs acquéreurs, n'a fait que rendre un nouveau service, et ajouter à la puissance du progrès qu'on lui doit, en signalant sa marche.

Mais, jusqu'à présent, il ne nous avait pas encore été donné, dans nos concours, de constater *de visu,* comme cette année, toute la portée de la modification que le Dishley-mauchamp-mérinos peut imprimer à la race lauragaise.

Cette modification était bien manifeste dans un lot de métis que présentait *M. de Laforcade.*

Ici nous avons trouvé d'abord un bélier, fortement corné, assez médiocre de conformation et de lainage, demi-sang Dishley-mauchamp-mérinos et lauragais. Ce bélier avait été acheté à M. Vialet, et nous sommes loin de penser qu'il fût des meilleurs sortis de sa bergerie.

Mais près de ce bélier en figuraient deux autres de dix-huit mois, ses fils, issus l'un et l'autre de brebis lauragaises, et n'étant par conséquent que des quart de sang Dishley-mauchamp-mérinos. Or, par un retour fort remarquable à cette seconde génération, et à ce degré de sang, ces béliers se rapprochaient beaucoup plus que leur père même, par leur conformation large et belle, des types de la Bergerie du Blanc, et ils avaient un lainage bien plus fin, plus ondulé, plus en suint, et rappelant mieux les caractères de la laine mérine. Le progrès accompli par ces animaux sur leur père demi-sang, et sur la race mère lauragaise, était également manifeste dans l'une et l'autre des deux directions, chair et laine.

En livrant à votre appréciation ce fait si remarquable, nous ne pensons pas qu'il faille encore en inférer, comme règle, la conséquence qui en découle.

Toutefois y a-t-il à prendre acte et à noter, dès à présent, que, bien que médiocre en soi, et individuellement de peu de mérite, un demi-sang du Blanc peut donner une descendance qui, malgré qu'elle soit d'un degré de plus éloignée du type paternel, réalise cependant et beaucoup mieux que son père demi-sang lui-même, le progrès qui dérive de l'origine du bélier père de M. Vialet.

Cette remarque se répètera-t-elle? conduira-t-elle à reconnaître que l'amélioration que nous avons constatée doit être attendue plus à la deuxième génération qu'à la première? Des questions de cette nature ne peuvent encore qu'être posées, laissons à la résoudre au temps et aux faits qu'il ne manquera pas de produire.

Cette année, comme la précédente, c'est le Disbley-mauchamp-mérinos de M. Vialet qui méritait la première prime, et le jury la lui a donnée tout d'une voix.

Les Saouthdown que *M. Penent* exposait étaient bien beaux cependant, et il ne fallait rien moins qu'une comparaison scrupuleuse, et je dirais presque d'une discussion au contact, pour les abaisser au second rang.

Bien ronds de poitrine, larges du dessus, à cuisses charnues et fortes, beaux enfin dans une race très belle et des plus estimées, ces béliers, celui de trois ans surtout, ont signalé une importation des plus heureuses, et de laquelle sûrement aussi notre agriculture n'aura qu'à se féliciter.

M. Penent a acheté à Paris, à la suite du Concours de 1855, le plus âgé de ces béliers, lequel est né en Angleterre, près de Bristol.

En appréciant la rusticité de cette race, la facilité reconnue de son entretien, la qualité de sa toison qui, bien que dénuée de finesse, a du tassé cependant, un brin souple, régulier, élastique et encore assez ondulé; en tenant compte du poids de cette toison qui, chez M. Penent, a donné 3 kilog. 500 gr., et de la qualité supérieure de la chair du Saouthdown, cet éleveur a très judicieusement pensé que, dans les parties montagneuses de notre département, les Saouthdown pourraient, sinon se multiplier purs, ce qui, du reste, semble fort admissible, au moins croiser avec avantage les races du pays.

Une pareille prévision nous semble trop rationnelle pour

qu'il n'y ait pas lieu d'y encourager M. Penent, et pourtque, si nous ne nous trompons, elle ne soit partagée par vous-même autant que par votre commission.

Les mesures qui avaient été prises sur le bélier de M. Vialet ont été répétées sur celui de trois ans de M. Penent, elles ont donné quelque différence au désavantage de ce dernier. Ainsi la poitrine a moins de périmètre, il y a moins de longueur, du garrot à la base de la queue. Que l'on n'infère pas de ces différences une infériorité absolue; nous le comprendrons d'autant mieux qu'avant tout le type d'une race doit donner avec fidélité les caractères qui lui sont propres, et qu'il ne nous semble pas qu'il soit de la race Saouthdown d'avoir l'énorme développement pectoral et la longueur de rachis que nous montre le Dishely-mauchamp-mérinos.

Il a paru que c'était un grand mérite pour le bélier du Blanc de se produire avec les preuves du bien qu'il peut faire. Que M. Penent se résigne donc encore, comme il y a un an, au succès de son heureux rival, qu'il persévère surtout; mais ici nous comprenons combien un encouragement est peu utile près d'un esprit aussi actif et aussi intelligent du progrès que l'est M. Penent. Aussi attendrons-nous, avec un puissant intérêt, ce que nous réservent l'avenir et nos prochains concours, des succès que cet éleveur doit si légitimement se promettre.

Si M. Vialet a puissamment aidé, par la vente de ses produits, à répandre la race qu'il possède, de son côté M. Penent n'est pas en retard de zèle.

Les voies de la publicité se sont chargé de nous apprendre à quels moyens il a recours, et nous sommes heureux de trouver ici l'occasion de rendre un hommage mérité à son désintéressement et à son amour du bien, en rappelant combien sont grandes les facilités qu'il a mises à la disposition de tous, de se procurer des métis de ses béliers.

Prendre les brebis à charge et à entretien, ainsi qu'il le fait pour quiconque le désire, les transporter à la montagne et les y garder pendant cinq mois pour qu'elles soient saillies par ses reproducteurs, et cela moyennant la si modique rétribution de 6 fr. 50 c. par tête, c'est bien évidemment, Messieurs, donner preuve d'un zèle plein d'intelligence et auquel nous ne doutons pas que vous n'ayez applaudi.

Le second Saouthdown de M. Penent, âgé de seize mois, acheté à Château-Gonthier, de *M. de Souvré,* descend de père et mère des meilleurs reproducteurs des bergeries anglaises de *M. John Webb.*

Pour ces remarquables animaux, M. Penent a reçu la seconde prime de 50 fr., attribuée aux races étrangères.

Dépassant les limites rigoureuses du programme, mais toujours se croyant votre fidèle mandataire, la commission a pensé qu'elle devait reconnaître le mérite de l'exposition des races étrangères, en proclamant deux mentions honorables. Elle a donc décerné ces mentions : la première, pour un bélier Dishley, appartenant à *M. Ramel;* la seconde, pour un beau croisé Dishley-lauragais, exposé par *M. Benazet.*

Pour les races du pays, le jury a distingué tout d'abord

un bélier lauragais de trois ans, appartenant à Mme *Dem-blans*, de Croix-Daurade.

C'est par la largeur de ses reins et de sa poitrine, et par une laine tassée plus fine et ondulée qu'elle ne l'est ordinairement dans sa race, que ce bélier a mérité la première prime de 100 fr., destinée aux races du pays.

Quant à la seconde prime de 50 fr., elle a été méritée par ces béliers de dix-huit mois, quart de sang Dishley-mauchamp-mérinos et lauragais, que présentait *M. de Laforcade*, les mêmes sur lesquels nous avons insisté déjà pour faire ressortir le mérite du croisement dont ils sont le produit.

A propos de ces métis, le jury s'est rappelé la décision qu'il avait prise l'an dernier et que vous avez approuvée, et cette année, comme alors, il a compris dans la même catégorie les races locales pures, et les croisés dérivés de ces races.

Avant de quitter le champ du Concours, votre commission a eu, comme l'année dernière, l'occasion de constater la qualité supérieure des laines de Naz, que *M. Delcasse*, de Limoux, a bien voulu soumettre à son appréciation toute officieuse.

Elle ne peut que remercier M. Delcasse de son attention à la tenir ainsi au courant des résultats qu'il obtient, et l'assurer de tout l'intérêt avec lequel elle a examiné les animaux qu'il a bien voulu lui présenter.

Des échantillons de ces laines ont été recueillis et annexés, comme termes de comparaison, aux laines du Concours.

Pour résumer, Messieurs, l'aspect sous lequel s'est offerte cette deuxième exhibition et les résultats qu'elle a donnés, nous réunissons dans les tableaux que nous joignons à ce rapport le nombre des animaux présentés, et les principaux renseignements recueillis sur chacun d'eux.

CONCOURS DES TAUREAUX

RACE.	ROBE.	AGE.	TAILLE.	LIEU DE NAISSANCE. — Dans quelle commune et chez quel propriétaire.	PÈRE. — Sa race, à qui il appartient.	MÈRE. — Sa race, à qui elle appartient.	PRIMES OBTENUES. — Leur classement, leur valeur, lieu où elles ont été remportées.	SERVICES ANTÉRIEURS. — A quel âge ils ont commencé, ce qu'ils ont duré, où et chez quels propriétaires.	PROPRIÉTAIRES — Noms, domicile.	OBSERVATIONS. — RÉSULTAT DU CONCOURS. — Depuis quand les propriétaires actuels les possèdent, etc.
Gasconne.	Blaireau clair sur le dos, brun aux parties inférieures du corps au scrotum et à l'anus.	2 ans.	1 m 33	Né à Beaumont-sur-Lèze, chez M. Puntous Armand.	Gascon primé à Auterive, appartenant à M. Clergue, de Beaumont.	Gasconne, à M. Puntous.	«	«	M. Puntous, de Beaumont.	Première prime de 250 fr. Depuis sa naissance.
Agenais-gascon	Brun clair.	20 mois.	1 m 38	Chez M. Marie Lacondamine, commune de Ste-Foy, canton de Lanta, (Haute-Garonne).	Son père, agenais, appartenant à M. Broustet, de Lanta.	Gasconne, à M. Mariès, commune de Ste-Foy, canton de Lanta, (Haute-Garonne).	A obtenu une prime de 150 fr. au canton de Lanta	«	M. Marie Lacondamine, rue Bouquières, 27.	Deuxième prime de 200 fr. Depuis sa naissance.
Gasconne.	Blaireau clair sur le dos, brun aux régions inférieures, au scrotum et à l'anus.	22 mois.	1 m 26	Né à Lestelle, canton de Saint-Martory, chez M. Bosq Louis.	Gascon, appartenant au même propriétaire, primé, en 1854, au conc. de Toulouse	Gasconne, au même propriétaire.	«	Service de la monte, commencé à 17 mois; il le continue chez M. Bosq Louis.	M. Bosq Louis.	Troisième prime de 150 fr. Depuis sa naissance.
Déclaré par le propriétaire né *d'une vache hollandaise.*	Pie, surchargée de blanc.	2 ans.	1 m 25	Chez M. Pescair, commune de Quint, canton sud de Toulouse.	«	Hollandaise, à M. Pescair, commune de Quint, canton sud de Toulouse.	«	Service de la monte, commencé à 15 mois chez son propriétaire; il le continue.	M. Pescair, commune de Quint.	*Ex æquo* a reçu 50 fr. en partage de la 4e prime de 400 fr. Depuis sa naissance.
Bretonne pure de Jersey.	Brune très foncée.	20 mois.	1 m 21	Chez M. Texereau de Lasserie, à Grammont, commune de Toulouse canton centre.	Jersey-Breton.	Bretonne-Jersey, à M. Texereau, de Grammont.	«	Service de la monte, commencé à 15 mois; il le continue, pour une laiterie composée de 20 vaches, chez M. Texereau de Lasserie, à Grammont.	M. Texereau.	*Ex æquo* a reçu 50 fr. en partage de la 4e prime de 400 fr. Depuis sa naissance. La mère, en gestation, a été importée de Jersey.
Bretonne croisé hollandaise.	Pie.	15 mois.	1 m 26	A Lespinet, chez M. Ramel.	«	Hollandaise, à M. Guenon, de Libourne.	«	Service de la monte, commencé à 14 mois; il le continue encore chez M. Ramel.	M. Ramel, à Lespinet.	Depuis sa naissance.
Gasconne.	Ligne froment sur le dos, brune aux parties infér., au scrotum et à l'anus.	2 ans.	1 m 33	Né à Gondex, canton de l'Isle-en-Dodon, chez M. Duffaud.	Gascon, au même propriétaire, primé au canton.	Gasconne, au même propriétaire.	«	Service de la monte, commencé à 22 mois chez M. Duffaud.	M. Duffaud.	Depuis sa naissance.
Gasconne.	Blaireau, brune aux parties inférieures, au scrotum et à l'anus.	20 mois.	1 m 24	Né à Segreville, cant. de Caraman, chez M. Puntous.	Gascon, à M. Puntous Urbain.	Gasconne, appartenant au même propriétaire.	«	«	M. Puntous, à Segreville.	Depuis sa naissance.
Id.	Même robe.	20 mois.	1 m 24	Id.	Id.	Id.	«	«	Id.	Id.

CONCOURS DES TAUREAUX.

RACE.	ROBE.	AGE.	TAILLE.	LIEU DE NAISSANCE. — Dans quelle commune et chez quel propriétaire.	PÈRE. — Sa race, à qui il appartient.	MÈRE. — Sa race, à qui elle appartient.	PRIMES OBTENUES. — Leur classement, leur valeur, lieu où elles ont été remportées.	SERVICES ANTÉRIEURS. — A quel âge ils ont commencé, ce qu'ils ont duré, où et chez quels propriétaires.	PROPRIÉTAIRES — Noms, domicile.	OBSERVATIONS. — RÉSULTAT DU CONCOURS. — Depuis quand les propriétaires actuels les possèdent, etc.
Gasconne.	Blaireau clair sur le dos, brun aux parties inférieures du corps [illegible] et à l'acte.	2 ans.	$1^m 53$	Né à Beaumont-sur-Lèze, chez M. Puntous Armand.	Gascon primé à Auterive, appartenant à M. Gergné, de Beaumont.	Gasconne, à M. Puntous			M. Puntous, de Beaumont.	Première prime de 250 fr. Depuis sa naissance
Agenais-gascon	Brun clair.	20 mois.	[illegible]	Chez M. Marie Lacondamine, commune de [illegible] Fey, [illegible] (Haute-Garonne).	Son père, agenais, appartenant à M. Brousset, de Lanta.	Gasconne, à M. Moisse, commune de Ste-Foy, canton de Lanta, (Haute-Garonne).	A obtenu une prime de 150 fr. au canton de Lanta		M. Marie Lacondamine, [illegible]	Deuxième prime de 200 fr. Depuis sa naissance
Gasconne.	Blaireau clair [illegible]	22 mois.	[illegible]	Né à [illegible], canton de [illegible], chez M. [illegible]	Gascon, appartenant au même propriétaire, primé en 1861, au [illegible] de Toulouse	Gasconne, au même propriétaire		Service de la monte, commencé à [illegible] mois; il le continue chez M. Bosc Louis.	M. Bosc Louis	Troisième prime de 150 fr. Depuis sa naissance
Déclaré par le propriétaire [illegible]	Pie, surchargée de blanc	2 ans.	[illegible]	Chez M. Pascal, commune de Quint, canton sud de Toulouse.		Hollandaise, à M. Pascal, commune de Quint, canton sud de Toulouse.		Service de la monte, commencé à [illegible] mois chez son propriétaire; il le continue.	M. Pascal, [illegible] de Quint	[illegible] a reçu 50 fr. en partage de la 5e prime de 100 fr. Depuis sa naissance.
Bretonne pure de Jersey.	Brune (très foncée).	[illegible]	[illegible]	Chez M. Texereau de Lasserie, Grenade, [illegible]	Jersey-Breton.	Bretonne-Jersey, à M. Texereau, de Grammont		Service de la monte, commencé à 15 mois; il le continue, pour une laiterie composée de 20 vaches, chez M. Texereau de Lasserie, à Grammont.	M. Texereau	Ex æquo a reçu 50 fr. en partage de la 6e prime de 100 fr. Depuis sa naissance. La mère, en gestation, a été importée de Jersey.
[illegible]	Pie.	15 mois.	$1^m 23$	A Lespinet, chez M. Ramel.		Hollandaise, à M. Gnanos, de Libourne.		Service de la monte, commencé à 14 mois; il la continue encore chez M. Ramel.	M. Ramel, à Lespinet.	Depuis sa naissance
[illegible]	[illegible]	2 ans.	[illegible]	[illegible]	Gascon, au même propriétaire, primé au canton [illegible]	Gasconne, au même propriétaire.		Service de la monte, commencé à [illegible] mois chez M. Duffaud.	M. Duffaud	Depuis sa naissance
[illegible]	[illegible]	[illegible]	[illegible]	[illegible] chez M. Puntous.	[illegible] Puntous Urbain.	Gasconne, appartenant au même propriétaire			M. Puntous, à [illegible]	Depuis sa naissance.
Id	[illegible]	[illegible]	[illegible]	Id	Id.	Id			Id.	Id

Afin de faciliter les opérations et d'ajouter autant que possible aux éléments d'une décision éclairée, votre commission a pensé, Messieurs, qu'il pourrait être bon de compléter le programme des exhibitions futures, en y joignant la demande d'un certain nombre de renseignements qui, tout préparés par les exposants et recueillis par la personne faisant fonctions de commissaire du Concours, ne pourraient que faciliter beaucoup, en la simplifiant, la tâche du jury.

Ces renseignements pourraient, si vous l'approuviez, répondre aux indications des têtes de colonne des tableaux qui précèdent.

La commission, cependant, en formulant ce vœu, ne voudrait pas qu'il y eût, pour cela, *obligation imposée* aux exposants, car elle craindrait que les propriétaires ne vissent dans cette obligation un obstacle par lequel quelques-uns, peut-être, se croiraient éloignés. Aussi lui paraîtrait-il suffisant que les propriétaires fussent seulement invités à répondre, autant que faire se pourrait, aux questions de cette nature qui seraient annexées au programme.

Il est intéressant et il peut devenir utile aux décisions du jury que l'on ait sous la main le moyen de constater facilement, et séance tenante, le poids des béliers. Les indications de poids que nous rapportons, sont données d'après les déclarations des propriétaires, que nous acceptons parfaitement. Mais encore serait-il mieux que la commission eût elle-même des moyens de constatation directe. Il serait donc utile que dans la préparation matérielle du concours, une bascule fût mise à la disposition du jury.

Lorsqu'on doit se prononcer entre deux béliers desquels l'un est tondu et l'autre porte sa laine, si l'un et l'autre ont quelque défaut que la toison puisse déguiser, il y a tout d'abord un désavantage apparent pour celui qui a subi la tonte, et même il n'est pas impossible que le défaut de ce dernier demeure seul en évidence, quand celui du bélier non tondu pourra échapper à l'attention du jury. Les conditions ainsi ne sont pas égales.

Afin d'éviter de pareils inconvénients, et de rendre, sous ce rapport, comparables autant que possible les reproducteurs amenés au concours, la commission désirerait qu'à l'avenir il fut décidé que les béliers seraient uniformément *tondus* ou *non-tondus*. Si cependant on croyait ne devoir pas admettre une règle invariable, on pourrait établir une distinction par races, et exiger, par exemple, que les animaux dont le mérite principal réside dans la toison seraient présentés avant la tonte, tandis qu'au contraire, on n'accepterait qu'après la tonte ceux dont on estime surtout la valeur comme bêtes de boucherie.

Comme il importe, en tout cas, que la commission puisse juger de la valeur de la laine et en recueillir si elle le trouve convenable, des échantillons à examiner et à vous soumettre, il serait désirable que les béliers tondus, si tant est que l'on veuille en admettre, conservassent au moins une touffe de laine que l'on pourrait laisser sur le milieu de l'épaule.

A ce sujet, Messieurs, nous avons cru qu'il serait avantageux que le rapport que nous avons l'honneur de vous présenter portât en quelque sorte avec lui, et dans la mesure du possible, les preuves à l'appui. Dans cette pensée, nous avons fait recueillir des mèches des toisons de tous les animaux exposés, toutes comparables, puisqu'elles ont été prises toutes sur la même région, au milieu de l'épaule. Nous avons réuni ces mèches en un lainier que nous déposons sur votre bureau, et qui pourra devenir le point de départ d'une collection utile à consulter.

Pour recueillir les renseignements consignés au tableau signalétique, et remplir le cadre préparé du lainier, la commission a trouvé de la part de *M. Serres*, chef de service à l'École vétérinaire, un concours empressé, dont elle se fait un devoir de lui offrir ses remerciments.

Il est difficile de quitter le sujet dont nous venons de vous entretenir, sans que se réveillent des souvenirs et des comparaisons auxquels, sans donner de trop longs développements, il peut être bon cependant, comme par forme de corollaire, d'accorder quelque place.

Notre concours des béliers a une portée franchement significative et que rien ne semble contrarier.

Pour l'espèce bovine il n'en est plus ainsi, et si nous supposons la lutte que nous venons de voir, sans changer de lieu, soumise à d'autres juges; peut-être y a-t-il lieu de douter que le mérite des animaux eût été précisément compris de la même manière et jugé dans la même mesure.

D'où pourrait donc venir cette dissidence? Cette demande,

que vous nous pardonnerez, Messieurs, de poser devant vous, est grave assurément. Nous espérons, d'ailleurs, que vous n'improuverez pas le peu que nous voulons en dire.

Le progrès que vous poursuivez, et que semble si heureusement appelé à servir le concours institué par vos soins, il se qualifie d'un nom que tout le monde accepte. On l'appelle *amélioration des races*, et ce mot énoncé, on passe outre en croyant s'être bien entendu, tandis qu'il arrive que les uns ne le comprenant que d'une manière relative, d'autres lui donnent une acception absolue.

Serait-ce donc que l'amélioration des races devrait toujours, en effet, subir une direction invariable? Serait-ce que nos diverses races, d'où qu'elles viennent d'ailleurs, quel que soit leur pays, leur aptitude et leur type, ne pourraient jamais être rendues meilleures que par des modifications imprimées toujours vers un seul et même but?

En posant cette question, nous rappelons, nous ne l'oublions pas, devant des juges compétents et éclairés, une discussion qui n'est pas nouvelle, mais que, cependant, bien qu'elle soit vidée dans vos convictions et dans votre expérience, nous ne croyons pas encore devoir être délaissée.

Nous la voyons en effet s'agiter et se renouveler périodiquement dans des termes qui nous montrent combien, suivant les milieux et sous l'influence d'intérêts immédiats, l'opinion, même dans les sommités, peut se laisser dominer par des vues exclusives.

Loin des solennelles réunions du Champ-de-Mars et de Poissy, nous ne pouvons nous sentir que de bien faibles satellites de ce grand mouvement si noblement encouragé par l'État, et qui réunit en même temps, et les maîtres de la science, et les meilleurs producteurs de notre pays.

Nous n'avons que le bruit éloigné de ces grandes luttes, nous en lisons les détails avec une avide curiosité, et les comptes-rendus seuls nous en sont une fortune.

Eh bien ! Messieurs, oserons-nous le dire? Nous ne trouvons pas toujours que les opinions exprimées à la suite de ces grandes réunions, répondent à la haute position de ceux qui les exposent.

Avoir à prononcer sur un concours où se donnent rendez-vous toutes les races bovines de l'empire; avoir à dire *le mieux* pour toutes et pour chacune d'elles; imprimer par des vues larges, par une discussion éclairée, la direction que chacun devra suivre pour *améliorer* la race qu'il possède, en tenant compte de tout ce qui a fait cette race, de ce qui l'entretient, de ses modes divers et nécessaires d'utilisation; donner pour but, ici l'engraissement exclusif, là le travail comme objet essentiel, et ailleurs le travail encore, mais dans une moindre mesure, et conciliable, en raison de la facilité du sol, avec une organisation moins énergique et plus rapprochée du type de boucherie; avoir à développer dans toutes ses parties un semblable programme, et à l'appliquer à toutes nos races françaises, chacune en son pays, et dans ses conditions économiques propres, c'est, Messieurs, il nous semble, une tâche belle à remplir, mais grande aussi, peu facile peut-être, et que l'on ne saurait trop étudier.

Quoique assez près encore de nous, le temps n'est déjà plus sans doute où nos races méridionales étaient assez peu connues, pour que sous la rubrique commune de *Race Gasconne*, on confondît nos deux types si distincts du Gers et de l'Agenais. Il y a progrès maintenant. La race gasconne ne partage plus son nom, et sous la dénomination de *Garonnaise* nous voyons réunis, près du type agenais, les dérivés similaires de cette belle race.

Que maintenant donc, et définitivement, si l'on veut, la race s'appelle *Garonnaise*, du nom du bassin où est son foyer, et duquel elle se répand; étant admises les sous-races, l'appellation peut ainsi se trouver avantageusement généralisée.

Cette dénomination implique au moins à présent une distinction comparative tout à fait indispensable, et permet de donner, en les précisant davantage, une autorité mieux acquise aux jugements portés sur le mérite de nos races.

Ce mérite, cependant, il ne nous semble pas que partout encore on l'apprécie à sa véritable mesure. Ainsi, pour nos bœufs garonnais, pour ces travailleurs si précieux sur le sol doux des vallées et des plaines qu'ils habitent, et qui participent d'ailleurs à un si remarquable degré de la conformation des animaux de boucherie, le mérite, assurément, c'est de posséder cette double aptitude, et le progrès, dans l'état agricole où nous sommes, ne saurait être encore *de faire prédominer l'une de ces facultés au détriment de l'autre.*

Cette opinion est cependant celle qui, dans une circonstance toute récente, vient d'être assez nettement exprimée.

Parmi les animaux de boucherie exhibés au concours de Poissy, la race garonnaise s'est trouvée représentée. Qu'elle n'y ait pas primé les races essentiellement d'engraissement près desquelles elle était en concurrence, c'est ce dont on se rendra facilement raison. Mais à propos même de ce concours, nous avouons que ce n'est pas sans quelque surprise que nous avons lu, dans un compte-rendu des séances de la Société centrale d'agriculture, cette assertion qui, dite dans un tel lieu et sans correctif, acquiert une autorité considérable : *Que la race garonnaise, d'après ce qu'on a vu à Poissy, ne serait pas en voie d'amélioration.*

Partout, autour de nous, nous voyons cette race. A ceux qui la font, à ceux qui l'élèvent, qui l'utilisent, qui savent quels travaux elle fait, et quelle somme, pour les faire, il lui faut de force et d'énergie; sans doute à ceux-là, et ce sont, Messieurs, la plupart d'entre vous, il est facile de connaître ce qu'elle vaut, et permis de la juger.

Or, nous vous le demanderons, Messieurs, est-ce bien réellement au point de vue d'un concours comme celui de Poissy que doit être jugée la race garonnaise? Les qualités que vous estimez en elle sont-elles donc de telle nature que le bœuf exclusif de boucherie doive se poser comme leur idéal et leur but?

Que pour des races à tissus mous et à développement précoce à l'excès, incapables de travail, qui ne peuvent et ne doivent donner que chair et graisse, que pour elles le type absolu du beau se rattache invariablement à l'image toute bosselée de graisse que nous offrent les cartons de M. Baudement, nous comprenons cela. Quand on ne veut que de la graisse et de la chair, il faut préférer les machines qui les font le plus vite, le mieux et à meilleur compte.

Mais, une fois encore, est-ce bien là le cas pour notre race garonnaise? Non, certainement, et ce n'est pas parmi vous que pouvait naître une pareille erreur.

Nous ne doutons pas qu'il ne soit, quand on le voudra, et sans même les croiser, facile de transformer les bœufs garonnais en animaux de boucherie dignes de figurer parmi les plus beaux.

Mais une pareille transformation serait-elle économique, et tout en réservant l'avenir, peut-il être sage, *quant à présent*, de la conseiller comme une voie de progrès?

Il y a peu de jours que vous avez pu voir parmi les taureaux achetés par le département et conduits à l'École vétérinaire, un agenais magnifique. Large de reins, ouvert du poitrail, à poitrine ample et ronde, à bassin horizontal, carré, donnant attache à des masses charnues énormes et descendant très bas, autant que peuvent nous aider nos souvenirs, ce bel animal n'eut craint la comparaison avec aucun des Durham purs ou croisés qui ont figuré dans nos divers concours. Si beau qu'il soit, ce taureau n'a cependant été distingué, parmi les animaux de sa race, au concours régional d'Auch, que par un troisième prix.

Étranger au jury de ce concours, nous n'avons pas à craindre d'être indiscret en parlant de ses décisions. Nous n'en dirons d'ailleurs que ce que, en dehors de la commission elle-même, l'opinion a pu librement apprécier et reconnaitre.

Or, si nous l'avons bien compris, on s'est expliqué que ce reproducteur n'ait pas obtenu une plus haute récompense, par cela même qu'ayant gagné davantage comme bête de boucherie, il avait perdu dans la même proportion de ses qualités de travailleur. De telle sorte que tandis que peut-être à Poissy, un bœuf ainsi construit aurait été jugé *n'être pas encore assez amélioré*, le jury d'Auch, au contraire, semble avoir constaté dans ce sens, *qu'il l'était déjà trop*.

Y a-t-il donc lieu, Messieurs, de sentir vos convictions ébranlées, et en face de l'opposition qui se produit entre des autorités si hautes, de douter que vous soyez dans le vrai, en appréciant la valeur de la race agenaise surtout en raison de l'aptitude mixte qu'elle possède si bien pour le travail et pour l'engraissement?

Nous ne pensons pas qu'en cela vous puissiez hésiter. Peut-être plutôt, comme à nous-même, vous paraitra-t-il regrettable que le jugement si nettement posé dans le sein de la Société centrale d'agriculture, ait été conçu de telle sorte qu'il semble exprimer pour la race garonnaise en particulier, la formule absolue de l'amélioration, et la perfection pour l'engraissement, comme l'unique but à atteindre.

Il est loin de notre pensée que pour les concours de boucherie, les bœufs garonnais n'aient encore à gagner. Mais ce que nous désirons qu'il soit bien entendu, c'est que ce mieux qu'on a eu le tort de donner sans restriction et comme absolu, ne doit être que relatif; c'est que, s'il peut être avantageux de le poursuivre comme exception chez les individus, il est absolument nécessaire, dans l'état de notre agriculture, que la race même lui demeure étrangère, et qu'on l'en préserve avec soin.

On se préoccupe beaucoup aujourd'hui, et avec de trop justes raisons, de la cherté des subsistances et de l'insuffisance de la nourriture animale.

Satisfaire à ce besoin, rechercher les moyens d'atteindre le mieux le but si désirable d'augmenter le bien-être des masses, c'est là, Messieurs, le thème que se posent les meilleurs esprits, et que nous les voyons chaque jour, publicistes, agriculteurs ou économistes, chacun dans sa voie, s'efforcer de discuter et de résoudre.

Sous l'empire de cette pensée dominante, on conçoit que le chemin qui montre le résultat le plus direct ait pu paraître le meilleur, et que l'on ait été amené à considérer comme règle de modifier uniformément toutes nos races, afin de les faire plus précoces et d'en obtenir un plus riche rendement.

Il est regrettable de voir que cette erreur ait son cours, et qu'en négligeant la faculté de travail, elle tende à restreindre le problème économique de l'amélioration du bétail dans des limites inacceptables.

Sans doute, il faut attendre une époque où grâces au progrès des cultures, au perfectionnement des machines, à une meilleure viabilité et surtout à la création des industries agricoles qui manquent à nos contrées, nos conditions économiques étant changées, nous pourrons, mieux qu'aujourd'hui, augmenter dans nos exploitations la proportion des animaux d'engrais en diminuant d'autant celle des bœufs de travail auxquels seraient substitués des chevaux ou d'autres moteurs.

Quand nous aurons accompli ce progrès, alors, et la première sans doute, la race garonnaise pourra subir les changements contre lesquels il faut encore la défendre. Jusques-là, conservons cette race telle que nos bons éleveurs nous l'ont faite. Mais une fois encore, viennent ces changements, et nous verrions bien vite cette précieuse race réaliser le mot plein de sens que vous rapportait dernièrement M. Esquirol : *vos garonnais, mais ce sont les durhams du Midi !*

Ils le deviendraient vite, en effet, et comme déjà l'an dernier nous l'exprimions devant vous, modifiée, améliorée alors dans les conditions mêmes de localités, de climat et de régime au milieu desquelles elle s'est faite ; toujours soumise enfin à l'influence de ses facteurs naturels, la race que l'on voudrait rendre plus précoce et plus facile d'engrais, pourrait bien devenir pour nous, aussi bonne, sinon même meilleure que le Durham.

Vous vous rappellerez d'ailleurs, Messieurs, ce qu'à ce sujet rapporte M. de Gasparin. Suivant cet auteur, et avant même que ne le sussent bien les économistes de notre pays, déjà les Anglais avaient reconnu tout ce que valait dès lors notre race agenaise, et les reproducteurs qu'ils en ont importés, auraient contribué, pour leur part, à la procréation de telle de leur race qu'on estime le plus.

Ce fait nous semble très digne qu'on le remarque et qu'on ne le laisse pas tomber dans l'oubli.

Qu'a-t-il d'étonnant d'ailleurs? Lorsqu'en regard de ce qu'étaient les races anciennes de la Grande-Bretagne, on considère ce que depuis longtemps est la race agenaise, se trouve-t-on conduit à douter de la possibilité que l'agenais ait pu, mieux que ces races elles-mêmes du vieux sol britannique, contribuer à la procréation des plus beaux types modernes?

Notre pensée ne serait pas comprise cependant, si l'on induisait de ce que nous venons de dire, que l'on doive renoncer à croiser la race garonnaise par les taureaux anglais.

Nous pouvons douter que le croisement soit absolument meilleur que la sélection, nous inclinons même vers l'opinion contraire. Nous voudrions seulement que ce doute fût assez partagé pour qu'on cherchât avec suite les moyens de le résoudre.

Ce dont nous ne doutons pas cependant, c'est que la race garonnaise est bien la meilleure matrice dont on puisse se servir dans notre Midi pour obtenir des animaux de boucherie.

Qu'on lui emprunte pour cela ses vaches les plus belles et

qu'on livre ces vaches, soit au Durham, soit, et concurremment, à des taureaux agenais choisis avec intelligence. Il nous semble, quant à présent, que ce serait là ce qu'il y aurait de mieux à faire.

Nous avons entendu exprimer à un éleveur judicieux l'opinion que la race garonnaise, malgré sa propension si manifeste à l'engraissement, a cependant en elle un obstacle qui s'oppose à ce qu'elle devienne facilement précoce. Cet obstacle, on le signalait dans ce fait que les vaches ne sont que médiocres ou mauvaises laitières, et que, chez tels sujets, se rapprochant d'ailleurs beaucoup de la conformation du type de boucherie, il arrive que le lait est en quantité si réduite qu'il suffit à peine à la nourriture des veaux.

Il y a, Messieurs, dans cette observation, une raison sérieuse et qui ne saurait vous échapper.

Dans toute race, quelqu'elle soit, la rapidité du développement est en raison de l'abondance et de la qualité de la nourriture dans le jeune âge. La précocité des races perfectionnées pour la boucherie, dépend en partie de cette cause, et vous savez que si la vache Durham conserve moins longtemps son lait que bien d'autres, en retour, elle le donne en très grande abondance pour la nourriture du premier âge. Passé cela, l'aptitude à la graisse reprend le dessus, et le lait diminue d'autant plus que l'engraissement se prononce davantage.

Dans ce cas particulier, nous ne voyons qu'un exemple

rappelant cette sorte de balancement physiologique que nous citions dans une autre occasion, et qui nous montre que la lactation et l'engraissement sont ordinairement en raison inverse. Les meilleures laitières hollandaises ou normandes sont maigres tant que leur lait abonde. Il faut qu'il y ait moins de lait ou qu'il tarisse pour qu'elles s'engraissent; comme si, dans l'économie de ces animaux, la matière grasse était *une*, et qu'elle ne pût se déposer sous forme de masses adipeuses que lorsque les mamelles ne s'en emparent plus pour l'excréter avec le lait.

De cette remarque pratique intéressante, que les vaches agenaises sont trop médiocres laitières pour permettre d'espérer une grande précocité de leurs produits, il découle comme conclusion nécessaire, l'utilité de conférer à la race, dans une plus large mesure, la faculté laitière qu'elle ne possède pas assez.

Quel moyen pourrait conduire le mieux à un pareil résultat?

Serait-ce, sans sortir de la race, de faire de bonnes familles laitières par le choix des reproducteurs le mieux caractérisés et reconnus les meilleurs sous ce rapport?

Serait-ce de recourir au croisement, et d'infuser dans le type garonnais, en conservant son ampleur, le sang d'une race notoirement excellente laitière, et que l'on citait dans ce but pouvoir être la hollandaise?

Quoi qu'il en soit, Messieurs, les essais avec des points de vue définis de cette manière, ne peuvent que devenir faciles et donner des résultats d'une valeur certaine.

On arriverait en effet, par la double voie que nous indiquons, à instituer une expérimentation comparative des plus intéressantes. On verrait si la race garonnaise ne peut pas très convenablement et avec profit développer par elle-même sa disposition déjà si prononcée à l'engraissement. Entre la sélection et le croisement, on aurait enfin une solution, et elle ne pourrait être que profitable à notre avenir agricole.

On pourrait, en agissant ainsi, faire en vue de la production alimentaire, ce que comportent les conditions actuelles de notre agriculture. La race agenaise cependant conserverait intacte la double aptitude que l'on estime en elle. Elle prêterait, pour faire des bœufs de boucherie, ceux de ses reproducteurs qui y seraient le plus propres. Mais la race mère elle-même demeurerait ce que nous la voyons, c'est à dire le type mixte probablement le plus beau que la France possède.

Ces réflexions, Messieurs, nous ont conduit un peu plus loin, peut-être, que nous ne l'eussions voulu. Nous vous les avons dites, cependant, parce que les concours qui se multiplient tant aujourd'hui, et au si grand avantage de l'agriculture, nous paraissent l'occasion la plus naturelle de discuter le progrès qu'ils sont appelés à servir.

Nous espérons d'ailleurs ne nous être pas éloigné des doctrines que nous croyons les vôtres, et nous serions heureux si nous avions pu, en tant qu'il a dépendu de nous, demeurer l'interprète de vos opinions et de notre intérêt.

www.ingramcontent.com/pod-product-compliance
Lightning Source LLC
LaVergne TN
LVHW012018160826
845678LV00002B/907

* 9 7 8 2 3 2 9 6 5 9 4 4 2 *